ISSN 0371-327X

SITZUNGSBERICHTE DER SÄCHSISCHEN AKADEMIE DER WISSENSCHAFTEN ZU LEIPZIG

Mathematisch-naturwissenschaftliche Klasse
Band 113 · Heft 7

FRIEDRICH WOLF
WOLFGANG HEYER

ZUR SORPTION AN TETRACALCIUMALUMINATHYDROXYSALZEN

Mit 5 Abbildungen und 4 Tabellen

AKADEMIE-VERLAG · BERLIN
1980

ISSN 0371-327X

SITZUNGSBERICHTE DER SÄCHSISCHEN AKADEMIE DER WISSENSCHAFTEN ZU LEIPZIG

Mathematisch-naturwissenschaftliche Klasse
Band 113 · Heft 7

FRIEDRICH WOLF
WOLFGANG HEYER

ZUR SORPTION AN TETRACALCIUMALUMINATHYDROXYSALZEN

Mit 5 Abbildungen und 4 Tabellen

AKADEMIE-VERLAG · BERLIN
1980

Vorgetragen in der Sitzung vom 9. Juni 1978
Manuskript eingeliefert am 9. Juni 1978
Druckfertig erklärt am 10. August 1980

Erschienen im Akademie-Verlag, DDR - 1080 Berlin, Leipziger Straße 3—4

Lizenznummer: 202 · 100/89/80
Gesamtherstellung: VEB Druckhaus „Maxim Gorki", 7400 Altenburg
Bestellnummer: 762 828 4 (2027/113/7) · LSV 1215
Printed in GDR
DDR 2,— M

SITZUNGSBERICHTE DER SÄCHSISCHEN AKADEMIE DER WISSENSCHAFTEN ZU LEIPZIG

BAND 113

MATHEMATISCH-NATURWISSENSCHAFTLICHE KLASSE

AKADEMIE-VERLAG · BERLIN

1977–1980

Lizenznummer: 202 · 100/89/80
Satz und Druck: IV/2/14 VEB Druckhaus „Maxim Gorki“,
DDR - 7400 Altenburg
Printed in GDR

INHALT

Heft 1 *Lange, Erich:* Allgemeingültige Veranschaulichung des II. Hauptsatzes. 1978. 22 S., 10 graf. Darst.

Heft 2 *Beckert, Herbert:* Bemerkungen zur Theorie der Stabilität. 1977. 19 S.

Heft 3 *Dörter, Klaus:* Probleme und Erfahrungen bei der Entwicklung einer intensiven landwirtschaftlichen Produktion im Landschaftsschutzgebiet des Harzes. 1978. 20 S., 6 Abb., 2 Tab.

Heft 4 *Drischel, Hans:* Elektromagnetische Felder und Lebewesen. 1978. 31 S., 14 Abb., 2 Tab.

Heft 5 *Gersch, Manfred:* Wachstum und Wachstumsregulatoren der Krebse. Biologische Erkenntnisse und generelle Erwägungen. 1979. 32 S., 13 Abb., 1 Tab.

Heft 6 *Wolf, Friedrich — Koch, Ursula:* Über den Einfluß der chemischen Struktur von Dispersionsfarbstoffen auf deren Dispersionsstabilität. 1979. 18 S., 3 Abb., 10 Tab.

Heft 7 *Wolf, Friedrich — Heyer, Wolfgang:* Zur Sorption an Tetracalciumaluminathydroxysalzen. 1980. 12 S., 5 Abb., 4 Tab.

ZUR SORPTION AN TETRACALCIUMALUMINATHYDROXISALZEN

Einführung

Zu den Adsorbentien, deren Poren- und Hohlraumstruktur variabel ist, gehören Schichtstrukturverbindungen [1], die zur eindimensionalen innerkristallinen Quellung befähigt sind.

Durch die Einlagerung (Sorption) von Wasser, Fremdionen oder polaren organischen Molekülen in die Zwischenschichträume kann die Gitterkonstante bzw. der Basalabstand und damit auch die Größe des Sorptionsraumes während der Sorption in weiten Grenzen verändert werden.

WEISS [2] konnte an komplexen Cyaniden der Übergangsmetalle zeigen, daß Substanzen mit elektrostatisch abgesättigten Schichten zur innerkristallinen Sorption fähig sind.

Die von uns synthetisierten und zu Sorptionsuntersuchungen eingesetzten Tetracalciumaluminat-hydroxisalze (im weiteren mit *TCAH-X* bezeichnet, wobei $X = SO_4^{--}$, $2Cl^-$, $2NO_3^-$ bedeuten) werden ebenfalls zu dieser Gruppe von Schichtstruktur-Adsorbentien gezählt. Als besonderes Kennzeichen der *TCAH-X*-Salze muß deren Anionenaustauschcharakter erwähnt werden.

BRANDENBERGER [3] sowie FEITKNECHT und BUSER [4] erkannten als erste den Schichtstrukturcharakter dieser Verbindungsklasse. Neuere Strukturvorstellungen wurden von BUTTLER, DENT GLASSER und TAYLOR [5] sowie AHMED, DENT GLASSER und TAYLOR [6] dargelegt.

Die genannten Autoren zeigten am Mineral Hydrocalumit, daß die Pseudozelle dieser Verbindungsklasse aus nur einer Oktaederschicht besteht der Zusammensetzung $[Ca_2Al(OH)_6]$ $[OH \cdot nH_2O]$. In [7] wird eine Verfeinerung des Modells in bezug auf die Lage und die Koordination der Ca^{++}-Ionen im Strukturoktaeder gegeben.

Die Menge des Zwischenschichtwassers ist entsprechend der Trocknungsbedingungen variabel.

So sind nach DOSCH und ZUR STRASSEN [7] vom Tetracalciumaluminathydrat (*TCAH*) fünf verschiedene Hydratstufen entsprechend der stöchiometrischen Zusammensetzung $4CaCl \cdot Al_2O_3 \cdot nH_2O$ mit $n = 7$, 11, 12, 13 und 19 bekannt. DOSCH [8] konnte für diese fünf Hydratstufen, basierend auf dem Strukturmodell mit zwei unterschiedlichen Anordnungsprinzipien der Hydroxylgruppe, ein Schema des Aufbaues dieser Hydratstufen geben.

Ausgehend vom allgemeinen Typ des laminaren *TCAH*, $[Me_2(II) \cdot Me(III) \cdot (OH)_6]$ $[X \cdot nH_2O]$ ergibt sich das *TCAH* als Stammsubstanz einer Verbindungsklasse mit

Me(II) : Ca, Mg, Zn, Cd
Me(III) : Al, Fe, Ga, Cr
X : OH sowie andere anorganische oder organische Anionen [7, 12].

Zur Synthese von *TCAH-X*-Salzen

In Tab. 1 sind Darstellungsmethoden der *TCAH-X*-Salze in allgemeiner Form zusammengefaßt.

Tabelle 1: Methoden zur Darstellung von *TCAH-X*

Ausgangsstoffe	Art der Reaktionsdurchführung	Literatur
Calciumaluminat + Caliumciumsulfat + Calciumhydroxyd	in gesättigten Lösungen	KUNZEL [10, 14] MYLIUS [15] TURRIZANI [11]
Calciumhydroxyd + Aluminiumhydroxid + Calciumsalze	hydrothermale Synthese (90—200°) oder Reaktion in Suspension	KUNZEL [10, 14, 16] TURRIZANI [17, 18]
Calciumsalze + Aluminiumsalze + Natronlauge	in gesättigten Lösungen	FEITKNECHT [19, 20]
Calciumhydroxid + Aluminiumsalze	in gesättigten Lösungen	FEITKNECHT [20] MYLIUS [15]
Alkalialuminat + Natrium-, Ammonium- oder Calciumsalze + Calciumhydroxid	in gesättigten Lösungen oder Reaktion aus einer $Ca(OH)_2$-Aufschlämmung Suspension)	MYLIUS [15], KAUS [13] WALL [21]
Tetracalciumaluminathydrat + Natrium-, Kalium- oder Ammoniumsalze	Reaktion mit festem *TCAH* (Anionenaustausch)	KELLER [12]

TCAH-X wurden von uns nach der von Mylius [15] beschriebenen Methode dargestellt.

Das *TCAH*-SO_4 kristallisiert aus gesättigten Lösungen von $Ca(OH)_2$, $CaSO_4$ und von Aluminatzement bei einem molaren Verhältnis von 15CaO: 1Al_2O_3: 1$CaSO_4$.

Die Verbindungen der Form *TCAH-X* ($X = 2Cl^-$, $2NO_3^-$) wurden aus einer gesättigten $Ca(OH)_2$-Lösung durch Zugabe von Aluminiumsalzen im molaren Verhältnis 8CaO : 2$AlCl_3$ bzw. 5CaO : 2$Al(NO_3)_3$ ausgefällt.

Diese Methoden der Darstellung zeichnen sich durch kurze Reaktionszeiten (0,5 bis 2 h) aus. Nachteilig jedoch sind geringe Ausbeuten, bezogen auf das Ansatzvolumen (2 bis 4 g/*l*). Die Ursache dafür ist in der geringen Löslichkeit des $Ca(OH)_2$ in Wasser (1,3 g CaO/*l* bei 20 °C) zu suchen.

Durch Einsatz von Salzlösungen (KCl, $NaNO_3$) verschiedener Konzentrationen konnte die Löslichkeit des $Ca(OH)_2$ gegenüber der wäßrigen Lösung nur unbedeutend erhöht werden (auf 1,85 g CaO/*l* im Falle einer 5 Gew.-% KCl-Lösung, auf 1,92 g CaO/*l* im Falle einer 9 Gew.-% $NaNO_3$-Lösung).

Der Einfluß von Alkoholen auf die Löslichkeitserhöhung von $Ca(OH)_2$ steigt mit ihrer Wertigkeit.

In 15 Vol.-%igen wäßrigen Alkohollösungen beträgt die Löslichkeit des $Ca(OH)_2$ 2,28 g CaO/*l*, für eine Glycollösung 4,17 g CaO/*l*, für eine Glyzerin-Lösung und für eine 15 Gew.-%ige Zuckerlösung 9,60 g CaO/*l*.

In gleicher Abstufung wird aber auch das Entstehen des kristallinen Endproduktes behindert.

Das *TCAH*-CO_3 wurde von uns nach dem von Wall [21] beschriebenen Verfahren dargestellt. Ausgehend von stöchiometrischen Verhältnissen an Natriumaluminat, Na_2CO_3 und $Ca(OH)_2$ kann mit großer Raum-Zeit-Ausbeute *TCAH*-CO_3 erhalten werden.

Diese Synthese verläuft in einer Flüssigphasen-Feststoff-Reaktion und konnte von uns auch zur Herstellung von *TCAH*-Cl und *TCAH*-NO_3 modifiziert werden.

Dabei beeinflussen der Einsatz unterschiedlich vorbehandelter Calciumoxide sowie der Salzgehalt des eingesetzten Natriumaluminates den Mechanismus der *TCAH-X*-Bildung und die Adsorptionseigenschaften der *TCAH-X*.

Sorptionsuntersuchungen an *TCAH-X*-Salzen

Dosch [1] untersuchte aus flüssiger Phase die Sorption von Aminen, Mercaptanen, Alkoholen, Aldehyden, Zuckern und Carbonsäuren unterschiedlicher Kettenlänge an *TCAH*-OH und diskutierte am Beispiel der Alkohol-Sorptionskomplexe die Anordnungsprinzipien der Sorptive im Zwischenschichtraum der Kristallite.

KAUS [13] setzte die Untersuchungen zur Sorption von Carbonsäuren, Zuckern und Phenolen an *TCAH* fort und gibt in Abhängigkeit vom Ionenaustauschgrad n der Mischkristallreihen des Typs $[Ca_2Al(OH)_6]$ $[(1-n)OH \cdot nX \cdot aq\text{u}.]$ mit $X = Cl^-$, Br^-, $1/2SO_4^{--}$, $1/2CrO_4^{--}$ und $1/2CO_3^{--}$ die Änderung der Basalabstände bei der Sorption von Methanol, n-Butyraldehyd, Essigsäure, Adipinsäure u. a. an.

Die Ergebnisse werden von ihm mit der Schlußfolgerung interpretiert, daß bei einem Anionenaustauschgrad von $n = 1$ keine Sorption möglich ist.

Von uns hergestellte *TCAH-X* mit $X = SO_4^{--}$, $2Cl^-$, $2NO_3^-$ und $1/4\,CO_3^{--}$ wurden nach einer Trocknung über gesättigter $CaCl_2$-Lösung (rel. Feuchte 35%) direkt in organischen Sorptiven suspendiert.

Tab. 2 zeigt die röntgenographisch ermittelten Schichtaufweitungen (Δd[A]) einiger Sorptionskomplexe dieser *TCAH-X*-salze gegenüber dem Ausgangszustand.

Tabelle 2: Änderungen der Schichtabstände durch innerkristalline Sorptionskomplexe der *TCAH-X*-Salze nach einer Sorptionszeit von 72 bis 130 h in flüssiger Phase (20 °C)

Sorptiv	*TCAH*-SO Δd (Å)	*TCAH*-Cl Δd (Å)	*TCAH*-NO_3 Δd (Å)	*TCAH*-1/4 CO_3 Δd (Å)
CH_3OH	0	0,14	0,1	5,6
C_2H_5OH	0	0,14	0,1	–
CH_3CN	0	0	0	0,44
C_2H_5Br	0	0	1,64	0
$C_2H_5NH_2$	0	10,15	9,05	9,87
$(CH_3)_2SO$	–0,89	–0,14	4,0	–0,57
$HC(=O)NH_2$	–	0	0,22	–

Diese in Tab. 2 ausgewiesenen Änderungen der Schichtgitterabstände bei der Quellung in flüssiger Phase lassen noch keine eindeutigen Aussagen bezüglich des Sorptionsprozesses zu. Dies ist möglicherweise mit unterschiedlichen Einlagerungsarten [13] der verschiedenen Sorptivmoleküle in den Zwischenschichträumen der *TCAH-X*-Salze erklärbar.

In Abb. 1 sind weiter die Sorptionsisothermen von Methanol an verschiedenen *TCAH-X*-Salzen dargestellt. Die Aktivierung dieser *TCAH-X*-Salze für die Gasphasenadsorption erfolgte durch zweistündiges Erhitzen der Proben bei 150 °C (*TCAH*-NO_3), 160 °C (*TCAH*-Cl) und 180 °C (*TCAH*-SO_4). Diese Bedingungen ergaben sich aus *DTA*-Untersuchungen. Auch hier zeigt sich die unterschiedliche Sorptionsfähigkeit der untersuchten *TCAH-X*-Salze (vgl. Tab. 2), wobei der Karbonat- und Chloridform Bedeutung zukommen.

Die weiteren Untersuchungen wurden vorwiegend am *TCAH*-NO_3 und *TCAH*-Cl durchgeführt.

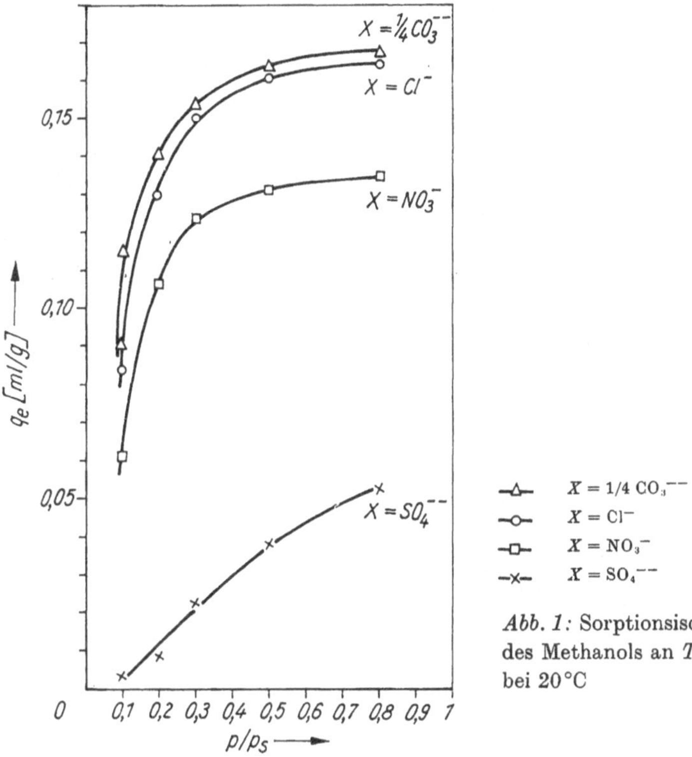

Abb. 1: Sorptionsisothermen des Methanols an *TCAH-X*-Salzen bei 20 °C

Aus statischen Sorptionsuntersuchungen bei einem Dampfdruckverhältnis von $p/p_s = 1{,}0$ mit Substanzen verschiedener Verbindungsklassen (Aromaten, Paraffine, Äther, Amine, Sulfide, Mercaptane) sowie aus den in Abb. 2 und 3 dargestellten Sorptionsisothermen lassen sich folgende qualitative Aussagen ableiten.

— Die Sorptionskapazitäten gleicher Sorptive liegen für *TCAH*-Cl um 0,03 bis 0,1 m*l*/g höher gegenüber *TCAH*-NO_3 (Abb. 1, 2, 3 sowie Tab. 3).

— Das Sorptionsvermögen strukturell vergleichbarer Sorptive wird durch die Elektronegativitäten der für die Sorption entscheidenden Atome bzw. Atomgruppen beeinflußt (0 > S, N > C).

Tabelle 3: Sorptionskapazitäten für Äther am *TCAH*-Cl und *TCAH*-NO_3 bei $p/p_s = 1$ und 20 °C

Sorptiv	*TCAH*-Cl q_e (ml/g)	*TCAH*-NO_3 q_e (ml/g)
Diäthyläther	0,545	0,414
Dioxan	0,296	0,252
iso-Butyl-Vinyläther	0,252	0,222
Anisol	0,178	0,153

Nach Sorptionszeiten von 35 Tagen konnte für Furfurol und iso-Butylvinyläther eine Sorptionskapazität von ca. 2—4 g/g *TCAH*-Cl bzw. *TCAH*-NO_3 festgestellt werden, die mit einer Verfärbung der *TCAH-X*-Salze einherging.

Röntgenographische Untersuchungen zeigten, daß die Struktur der *TCAH-X* unzerstört blieb, so daß eine Säure-Basen-katalysierte Reaktion der Sorptive an den *TCAH-X* angenommen werden muß.

Auch für Alkylphosphorsäureester konnten von uns Sorptionskapazitäten von 30 bis 32 Gew.-% ermittelt werden.

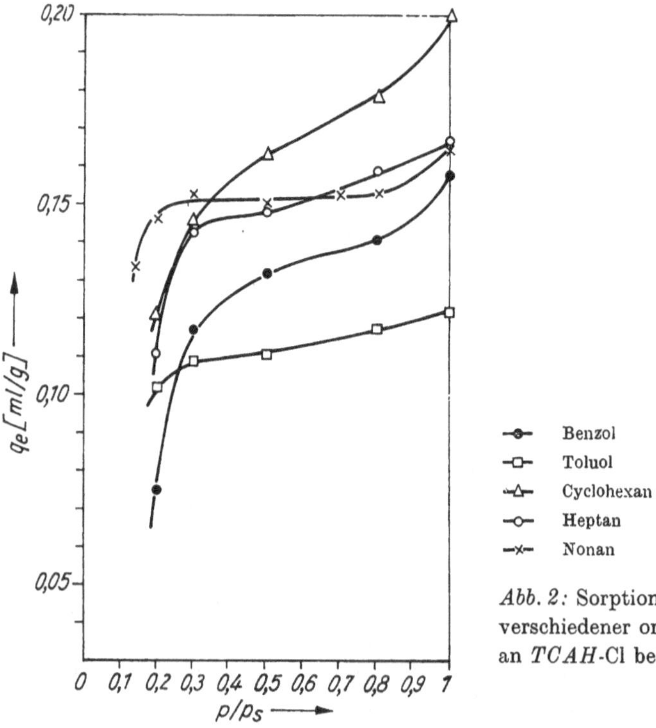

Abb. 2: Sorptionsisothermen verschiedener organischer Sorptive an *TCAH*-Cl bei 20 °C

Tabelle 4: Sorptionskapazitäten bei der Sorption aus der Gasphase am *TCAH*-NO_3
Temperatur: 20°C; $p/p_s = 1,0$

Sorptiv	Sorptionskapazität q_e (g/g)	Elektronegativität der Heteroatome
Diäthyläther	0,29	3,5
Diäthylamin	0,16	3,0
Dibutyläther	0,16	3,5
Dibutylsulfid	0,12	2,5
Nonan	0,08	2,5
Piperidin	0,19	3,0
Cycolohexan	0,16	2,5
&yridin	0,20	3,0
Benzol	0,18	2,5

Tab. 4 zeigt für die Sorption am *TCAH*-NO_3 die Sorptionskapazität für eine Auswahl strukturell ähnlicher Sorptiv-Moleküle mit verschiedenen Hetero-

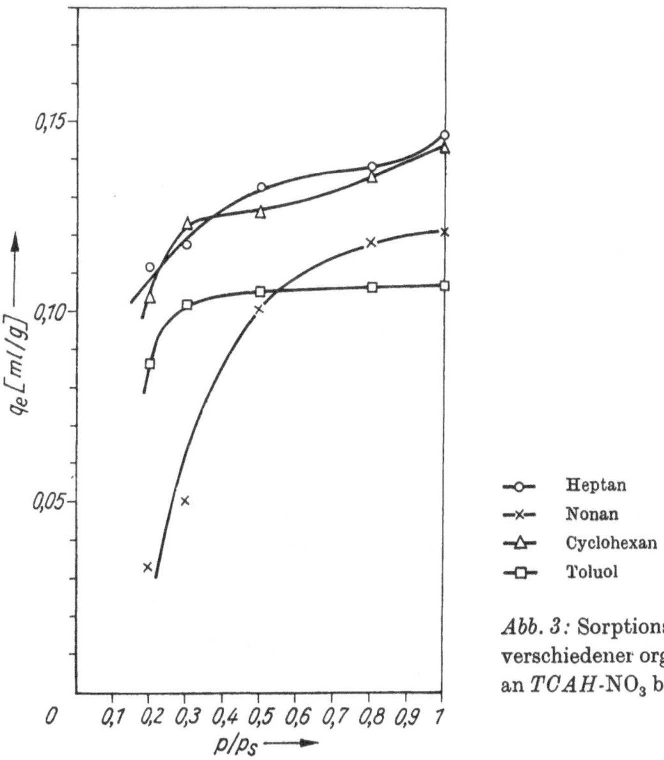

Abb. 3: Sorptionsisothermen verschiedener organischer Sorptive an *TCAH*-NO_3 bei 20°C

atomgruppierungen. Die Abstufung der Sorptionskapazitäten entspricht im wesentlichen dem Gang der Elektronegativitäten der Heteroatome in den Sorptivmolekülen, aber nicht den Polarisierbarkeiten der Moleküle. Dies läßt Schlüsse auf die entsprechenden Wechselwirkungen beim Sorptionsprozeß an *TCAH-X*-Salzen zu.

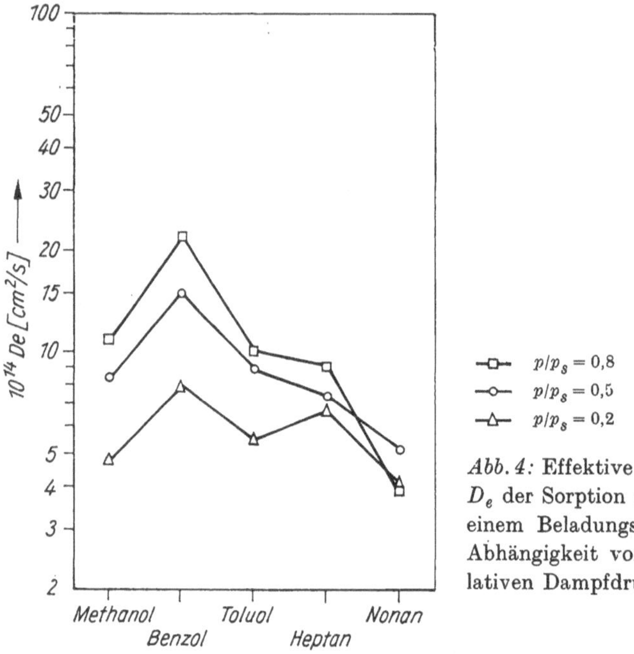

Abb. 4: Effektive Diffusionskoeffizienten D_e der Sorption an *TCAH*-Cl bei 20 °C, einem Beladungsgrad von $F = 0{,}8$, in Abhängigkeit vom Sorptiv und dem relativen Dampfdruck p/ps

Zusammenfassend läßt sich aus diesen Befunden folgende Abstufung des Aufnahmevermögens von strukturell vergleichbaren Sorptivmolekülen erkennen:

Äther > Amine ≈ Sulfide > n-Kohlenwasserstoffe und aromatische Kohlenwasserstoffe

Mögliche Molekularsiebeffekte bei der Sorption von Gemischen von Molekülen unterschiedlicher Polarität werden z. Z. untersucht.

Sorptionskinetische Untersuchungen aus der Dampfphase wurden mit Methanol, Benzol, Toluol, Heptan, Nonan und Prophylen bei 20 °C an *TCAH*-Cl und *TCAH*-NO_3 durchgeführt. Die gewonnenen Aussagen stützen sich auf die effektiven Diffusionskoeffizienten D_e beim Sorptionsprozeß, die nach einer von WOLF, DANES und PILCHOWSKI beschriebenen Methode berechnet wurden [22].

Abb. 4 und 5 zeigen die Abhängigkeit der effektiven Diffusionskoeffizienten D_e vom Sorptiv an *TCAH*-Cl und *TCAH*-NO_3 bei einem Beladungsgrad von $F = 0{,}8$ und verschiedenen relativen Dampfdrücken p/p_s (F: Quotient aus Beladung q_t zur Zeit t und der Gleichgewichtsbeladung q_e).

Aus Abb. 4 und 5 ist ersichtlich, daß die effektiven Diffusionskoeffizienten D_e der Sorption an *TCAH*-NO_3 im Vergleich zu *TCAH*-Cl höhere Werte aufweisen in Umkehrung zum kapazitiven Verhalten beider Salzformen. Weiterhin zeigt sich, daß zwischen den einzelnen organischen Sorptiven, bedingt durch unterschiedliche energetische Wechselwirkungen, sich die Größe der effektiven Diffusionskoeffizienten unterscheidet.

$$D_e \text{ für } CH_3OH\text{, Benzol, Toluol} \approx 10^{-13}\ cm^2/s;$$

$$D_e \text{ für Heptan, Nonan, Propan} \approx 10^{-14}\ cm^2/s.$$

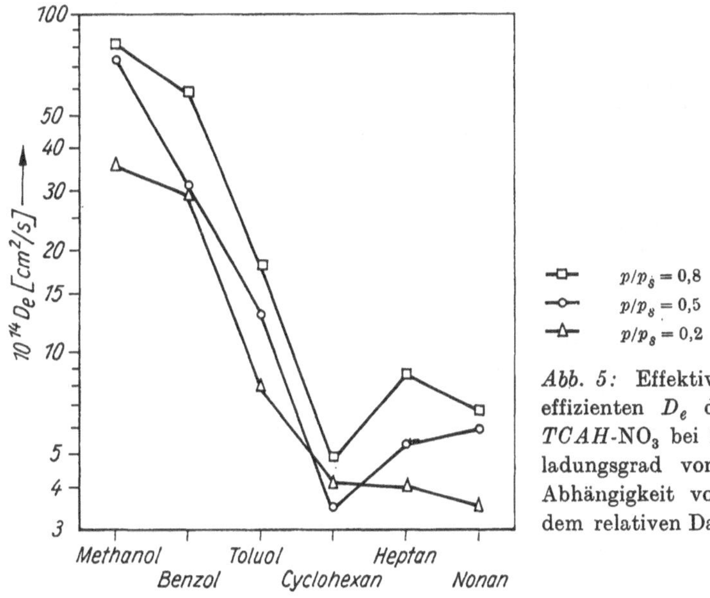

Abb. 5: Effektive Diffusionskoeffizienten D_e der Sorption an *TCAH*-NO_3 bei 20 °C, einem Beladungsgrad von $F = 0{,}8$, in Abhängigkeit vom Sorptiv und dem relativen Dampfdruck p/p_s

Bei niedrigen Beladungsgraden ($F = 0{,}1$ bis $0{,}2$) und geringen Sorptivdrücken ($p/p_s = 0{,}2$; $p_e = 50$ Torr) werden allgemein um eine Zehnerpotenz geringere Werte für D_e beobachtet.

Diese niedrigen Diffusionsgeschwindigkeiten können mit einer notwendigen Schichtaufweitung der *TCAH-X*-Salze beim Sorptionsprozeß erklärt werden.

Wir danken herzlich Herrn *Schwieger* für seine Mitarbeit.

LITERATUR

[1] W. Dosch, Habilitationsschrift, Universität Mainz, 1968
[2] A. Weiss, Chem. Ber. 1958, 487
[3] E. Brandenberger, Schweiz, Miner. Petrogr. Mitt. **13** (1933), 569
[4] E. Feitknecht, H. W. Buser, Helv. Chim. Acta **34** (1951), 128
[5] F. G. Buttler, L. S. Dent Glasser, H. F. W. Taylor, J. Amer. Ceram. Soc. **42** (1959), 121
[6] S. Ahmed, L. S. Dent Glasser, H. F. W. Taylor, Proc. 5th Intern. Symposium Chemistry of Cement, Tokyo 1968
[7] W. Dosch, Zement-Kalk-Gips **18** (1965), 233
[8] W. Dosch, N. Jb. Miner. Abh. **106** (1967), 200
[9] R. Allmann, N. Jb. Miner. Mh. 1968, 140
[10] H.-J. Kuzel, N. Jb. Miner. Mh. 1971, 277
[11] R. Turrizani, Chemistry of Cement, Pergamon-Press, London—New York 1964
[12] H. Keller, Dissertation, Universität Mainz, 1968
[13] G. Kaus, Dissertation, Universität Mainz, 1969
[14] H.-J. Kuzel, N. Jb. Miner. Mh. 1965, 193
[15] C. Mylius, Acta Acad. Aboensis 1933, VII/3
[16] H.-J. Kuzel, N. Jb. Miner. Mh. 1966, 193
[17] R. Turrizani, G. Schippa, Ricerca Sci. **24** (1954), 2356
[18] R. Turrizani, G. Schippa, Ricerca Sci. **25** (1955), 2894
[19] W. Feitknecht, M. Gerber, Helv. Chim. Acta **25**, 106
[20] W. Feitknecht, H. W. Buser, E. Michael, Helv. Chim. Acta **34**, 119
[21] J. R. Wall, US-Patent 2.636.830
[22] K. Pilchowski, F. Danes, F. Wolf, Kolloid, Z./Z. Polymere **225** (1968)

SITZUNGSBERICHTE DER SÄCHSISCHEN AKADEMIE DER WISSENSCHAFTEN ZU LEIPZIG

MATHEMATISCH-NATURWISSENSCHAFTLICHE KLASSE

Band 107

Heft 1 Prof. Dr. OTT-HEINRICH KELLER, Die Homologiegruppen der Flächen 3. Ordnung
1965. 15 Seiten – 8° – M 2,30

Heft 2 Prof.-Dr. FRANZ RUNGE, Grignard und die nach ihm benannte Synthese
1966. 17 Seiten – 3 Abbildungen – 8° – M 2,30

Heft 3 Prof. Dr. KARL SCHMALFUSS, Zur Kenntnis der Bodenbildung
1966. 13 Seiten – 4 Tabellen – 8° – M 1,40

Heft 4 Dr. BODO RENSCHUCH, Verallgemeinerungen des Bezoutschen Satzes
1966. 41 Seiten – 8° – M 4,50

Heft 5 Prof. Dr. med. ROLF EMMRICH, Realität und Theorie des Alterns
1966. 20 Seiten – 9 Abbildungen – 8° – M 2,60

Heft 6 Prof. Dr. WILHELM MAIER, Nichteuklidische Volumina
1967. 20 Seiten – 16 Abbildungen – 8° – M 2,80

Heft 7 Dr. LOTHAR VON WOLFERSDORF, Zur Berechnung optimaler Strategien für Spiele über dem Einheitsquadrat mit an der Hauptdiagonalen unstetigen Auszahlungsfunktionen
1968. 53 Seiten – 8° – M 5,70

Band 108

Heft 1 Prof. Dr. PAUL GÖRLICH/Dipl. Phys. DETLEF GÜLDNER/Dr. HANS-JOACHIM POHL, „Elektronische Spektralmessung“ mit steuerbaren Photovervielfachern
1967. 12 Seiten – 9 Abbildungen – 1 Tabelle – 8° – M 2,10

Heft 2 Prof. Dr. MANFRED GERSCH, Neuroendokrinologie der Insekten
1968. 33 Seiten – 12 Abbildungen – 1 Kunstdrucktafel – 8° – M 4,–

Heft 3 Prof. Dr. ESSBACH, Die Bedeutung der Morphologie in der Heilkunde
1968. 16 Seiten – 1 Textabb. – 13 Abbildungen auf 8 Kunstdrucktafeln, davon 11 vierfarbig – 8° – M 12,80

Heft 4 Prof. Dr. OTT-HEINRICH KELLER, Über eine Definition von S. Lefschetz in der topologischen Schnitttheorie 1969. 29 Seiten – 1 Abbildung – 8° – M 4,20

Heft 5 Prof. Dr. WOLFGANG TUTSCHKE, Das Reziprozitätstheorem für eine Klasse pseudoholomorpher Funktionen mehrerer komplexer Variabler 1969. 19 Seiten – 8° – M 3,30

Heft 6 Prof. Dr. WALTER BREDNOW, Von Lavater zu Darwin
1969. 31 Seiten – 14 Abbildungen im Anhang – 8° – M 5,50

Heft 7 Prof. Dr. FRANZ RUNGE, Organische Disulfimide in Wissenschaft und Technik
1970. 24 Seiten – 2 Abbildungen – 8° – M 3,60

Band 109

Heft 1 Prof. Dr. ERICH RAMMLER, Über die Theorien der Braunkohlenbrikettentstehung
1970. 38 Seiten – 13 Abb., davon 2 auf 2 Tafeln – 8° – M 4,–

Heft 2 Prof. Dr. WOLFGANG TUTSCHKE, Stammfunktionen komplexwertiger Funktionen
1970. 20 Seiten – 8° – M 3,70

Heft 3 Dr. habil. GÜNTHER EISENREICH, Zur Syzygientheorie und Theorie des inversen Systems perfekter Ideale und Vektormodule in Polynomringen und Stellenringen 1970. 88 Seiten – 8° – M 10,80

Heft 4 Prof. Dr. med. ROLF EMMRICH, Hochdruck und Hyperlipidämie (Hypercholesterinämie) als Risikofaktoren für die Entstehung der Arteriosklerosen
1971. 23 Seiten – 10 Abbildungen – 4 Tabellen – 8° – M 3,90

Heft 5 Prof. Dr. HANS DRISCHEL, Biologische Rhythmen
1972. 57 Seiten – 31 Abbildungen – 1 Tabelle – 8° – M 6,60

Heft 6 Prof. Dr.-Ing. Dr. h. c. KURT SCHWABE, Konzentrierte Elektrolytlösungen – Thermodynamische und kinetische Eigenschaften 1972. 49 Seiten – 27 Abbildungen – 2 Tabellen – 8° – M 7,50

Heft 7 Prof. Dr. WOLFGANG TUTSCHKE, Konstruktion von globalen Lösungen mit vorgeschriebenen Singularitäten bei partiellen komplexen Differentialgleichungssystemen 1972. 24 Seiten – 8° – M 4,50

Band 110

Heft 1 Prof. Dr. h. c. PAUL GÖRLICH, Über die Laser und ihre Anwendung
1972. 24 Seiten – 8° – M 2,30

Heft 2 Prof. Dr. HASSO ESSBACH, Zum Problem der Tumoren im Kindesalter
1972. 24 Seiten – 11 Abbildungen auf 10 Kunstdrucktafeln – 8° – M 6,–

Heft 3 Prof. Dr. med. WALTER BREDNOW, Zur Anthropologie des Schwindels
1973. 17 Seiten – 2 Abbildungen auf 2 Kunstdrucktafeln – 8° – M 2,50

Heft 4 Prof. Dr. h.c. PAUL GÖRLICH, Betrachtungen über den Wissenschaftlichen Gerätebau
1972. 39 Seiten – 8° – M 3,–

Heft 5 Prof. Dr. ERICH RAMMLER, Einige Betrachtungen über Erdgas
1974. 43 Seiten – 8 Abbildungen – 3 Tabellen – 8° – M 4,50

Heft 6 Prof. Dr. GUSTAV E. R. SCHULZE, Zur Rolle des Einfachheitsprinzips im physikalischen Weltbild
1974. 23 Seiten – 4 Abbildungen – 8° – M 2,50

Heft 7 Prof. Dr. med. ROLF EMMRICH, Zwischen Leben und Tod. Ärztliche Probleme der Thanatologie
1974. 22 Seiten – 2 Abbildungen – 4 Tabellen – 8° – M 3,50

Band 111

Heft 1 Prof. Dr. WILHELM MAIER, Vom Erbe Bernhard Riemanns 1975. 16 Seiten – 8° – M 2,50

Heft 2 Prof. Dr. med. HANS DRISCHEL, Organismus und geophysikalische Umwelt
1975. 50 Seiten – 25 Abbildungen – 1 Tabelle – 8° – M 7,–

Heft 3 Prof. Dr. MARIA HASSE, Zum Begriff des allgemeinen Produkts von Kategorien
1975. 32 Seiten – 8° – M 5,–

Heft 4 Prof. Dr.-Ing. Dr. h. c. KURT SCHWABE, Analytische Probleme des Umweltschutzes
1975. 28 Seiten – 9 Abbildungen – 2 Tabellen – 8° – M 3,50

Heft 5 Prof. Dr. WOLFGANG BUCHHEIM, Die kopernikanische Wende und die Gravitation
1975. 36 Seiten – 2 Farbtafeln – 8° – M 5,–

Heft 6 Prof. Dr. HERMANN BERG, Photopolarographie und Photodynamic
1975. 19 Seiten – 2 Abbildungen – 2 Tabellen – 8° – M 3,–

Heft 7 Prof. Dr. MANFRED GERSCH, Probleme der Insektizide aus heutiger Sicht
1976. 36 Seiten – 9 Abbildungen – 2 Tabellen – 8° – M 4,–

Band 112

Heft 1 Prof. Dr. WALTER BREDNOW, Spiegel, Doppelspiegel und Spiegelungen – eine „wunderliche Symbolik" Goethes 1975. 28 Seiten – 4 Abbildungen – 8° – M 3,–

Heft 2 Prof. Dr. ARTUR LÖSCHE, Über negative absolute Temperaturen. Eine Einführung
1976. 26 Seiten – 12 Abbildungen – 8° – M 4,–

Heft 3 Prof. Dr. med. HERBERT JORDAN, Kurorttherapie: Prinzip und Probleme
1976. 31 Seiten – 10 Abbildungen – 1 Tabelle – 8° – M 4,50

Heft 4 Prof. Dr. FRIEDRICH WOLF / Dr. PETER FRÖHLICH, Zur Druckabhängigkeit von Ionenaustauschreaktionen 1977. 13 Seiten – 6 Abbildungen – 1 Tabelle – 8° – M 2,–

Heft 5 Prof. Dr. DIETRICH UHLMANN, Möglichkeiten und Grenzen einer Regenerierung geschädigter Ökosysteme 1977. 50 Seiten – 20 Abbildungen – 2 Tabellen – 8° – M 6,50

Heft 6 Prof. Dr. ERICH RAMMLER, Zwei Jahrzehnte Entwicklung des Einsatzes der Energieträger Kohle und Erdöl im Weltmaßstab 1977. 29 Seiten – 6 Abbildungen – 4 Tabellen – 8° – M 4–

Heft 7 Prof. Dr. ULRICH FREIMUTH, Umweltprobleme in der Ernährung
1977. 32 Seiten – 3 Abbildungen – 4 Tabellen – 8° – M 4,–

AKADEMIE-VERLAG

DDR-1080 Berlin, Leipziger Straße 3–4

MIX
Papier | Fördert gute Waldnutzung
FSC® C083411

Zeitfracht Medien GmbH
Ferdinand-Jühlke-Straße 7
99095 Erfurt, Deutschland
produktsicherheit@kolibri360.de